AF568203

MEIN NASCHGARTEN

Das große kleine Buch

Veronika Schubert

MEIN NASCHGARTEN

Beliebte und besondere Beerensorten

Inhalt

Frisch gepflückt!

Direkt vom Strauch zu naschen, ist purer Genuss. Wenn die saftigen Beeren von der Hand in den Mund wandern und sie ihr sonnengereiftes Aroma am Gaumen entfalten, dann ist der Gartensommer angekommen.

Für viele erwachen dabei Kindheitserinnerungen und gleichzeitig erfüllt es mit Stolz, Früchte aus der eigenen Ernte zu sammeln: ein Körbchen Himbeeren fürs Frühstücksmüsli, ein paar Erdbeeren und Heidelbeeren ins Joghurt oder süß-saure Johannisbeeren für den Nachmittagskuchen. Vielleicht sollen es für das Tüpfelchen auf dem »I« ein paar der besonderen Anden- und Honigbeeren sein? Ein Naschgarten für derartiges Erntevergnügen lässt sich überall verwirklichen: versteckt in der Ecke eines Gartens, als Beerenhecke, aber auch in Töpfen auf Balkon und Terrasse.

Beeren haben nicht immer Saison

Wozu braucht man einen Beerengarten, wenn man doch Beeren ganzjährig im Lebensmittelhandel im Regal erhält? Weil es nichts Köstlicheres gibt als frisch gepflückte Früchte! Besonders köstlich sind sie aber auch genau deshalb, weil es sie nur in der Beerensaison im Sommer gibt und nur für ein paar Wochen. Die ersten Erdbeeren etwa erröten im Mai und den Juni könnte man zum Johannisbeer- oder Ribiselmonat erklären, denn die Reifezeit der süß-sauren Früchte beginnt um den Johannitag am 24. Juni. Dann heißt es, zulangen und genießen, solange der Vorrat am Strauch reicht. Denn der Genuss hat nach ein paar Wochen wieder sein Ende.

Erstaunliches aus der Botanik

Was wir übrigens ganz klar als Beeren zu erkennen glauben, sehen Botaniker etwas anders. Richtige Beeren wie die Heidelbeere und die Stachelbeere haben immer eine fleischige Fruchthülle um den Samen. Bei Steinfrüchten hingegen ist die Fruchthülle nur teilweise fleischig und bei Nüssen überhaupt zur Gänze holzig und fasrig. Deshalb zählen auch Paradeiser und Kürbisse, ja sogar Bananen zu den Beeren. Der Kürbis wird oft als die größte Beere der Welt bezeichnet.

Erdbeeren wiederum sind keine Beeren, sondern Sammelnussfrüchte, bei denen die kleinen Nüsschen in einem fleischigen Blütenboden eingebettet liegen. Zu derartigen Sammelfrüchten gehören auch Himbeeren und Brombeeren, sie sind allerdings Sammelsteinfrüchte. Schaut man genauer hin, lässt sich die Zusammensetzung gut erkennen und man kann sehen, wie feine Härchen die Einzelfrüchte zusammenhalten.

Von der Steinzeit bis heute

Beeren haben eine lange Geschichte. Schon die Steinzeitmenschen ernährten sich als Jäger und Sammler von wilden Beeren. In den königlichen Gärten Englands kultivierte man bereits im 13. Jahrhundert Beerensträucher für den Genuss. Ende des Mittelalters wurden sie in Klostergärten angebaut und auch als Heilpflanzen genutzt. So blieb es lange Zeit, dass Beeren in der gehobenen Gesellschaft exquisites Nahrungsmittel waren, während das Volk vor allem von den medizinischen Eigenschaften profitierte. Alle Beerenobstarten weisen beachtliche Mengen an Vitaminen und Mineralstoffen auf. Ribiseln halten beim Vitamin C-Gehalt sogar mit den Zitrusfrüchten mit und Heidelbeeren, Himbeeren und Brombeeren haben neben Vitaminen und Mineralstoffen auch

Anthocyane (sekundäre Pflanzenstoffe) zu bieten, die das Risiko für Herz-Kreislauf- und Krebserkrankungen senken und entzündungshemmend wirken.

Mit Beerenobst gestalten

Beim Naschobst findet man Schlinger wie Brombeeren genauso wie Sträucher, z. B. bei Stachel- und Heidelbeeren und bodendeckende Stauden wie Erdbeeren. Die Pflanzen lassen sich also nach Lust und Laune in den Garten integrieren.

Eine Hecke aus Johannisbeeren ist etwa ein willkommenes Gestaltungselement. Sie passt in Küchengärten genauso wie sie als Abgrenzung zwischen Gehölzen, Stauden und Rasen eine Variante bietet. Johannisbeersträucher sind schon im Frühling eine Zierde. Sie fallen in der noch kargen Zeit durch ihr erstes Grün auf, da sie schon früh austreiben. Eine Besonderheit ist die schwarze Ribiselsorte »Black'n'Red Premiere« mit ganzjährig roten Blättern.

Bei den Erdbeeren gibt es geeignete Sorten, die in Ampeln hängen und einem von oben förmlich in den Mund wachsen. Aus anderen Arten lassen sich mähbare Erdbeerwiesen pflanzen.

Alle bevorzugen einen Platz in voller Sonne, um ihre süßen Aromen zu entwickeln. Der Boden sollte nur flach bearbeitet werden, um die meist flachwurzelnden Rhizome nicht zu verletzen. Eine Mulchschicht aus Gras und Laub hält den Boden feucht und locker, wie es die Sträucher mögen.

Der Naschgarten in Töpfen

Beeren gedeihen in ausreichend großen Gefäßen sehr gut auch auf Balkon und Terrasse. Man rechnet mit 30 – 50 l Erdvolumen pro Pflanze. Damit sie kontinuierlich fruchten, brauchen sie ausreichend Nährstoffe. Gaben von organischem Flüssigdünger sind spätestens im zweiten Jahr notwendig, um die vom Vorjahr ausgelaugte Erde wieder zu versorgen. Da alle Topfpflanzen keine Staunässe vertragen, ist eine gute Dränagierung unter der Erde (z. B. eine Schicht Blähton) sehr wichtig.

Obst braucht grundsätzlich einen Sonnenbalkon, Halbschatten ist möglich, ja manchmal sogar besser als eine extrem heiße Südlage. Tiefer Schatten ist allerdings keine von Erfolg gekrönte Voraussetzung. Auch windige Lagen sind nicht optimal geeignet, hier kann man aber einen Windschutz aufstellen.

Für die Topfkultur sind bei Himbeeren zweimal tragenden Sorten oder Herbsthimbeeren gut geeignet. Sie tragen sowohl an vorjährigen Ruten wie an heurigen Trieben Früchte. Bei Brombeeren in Töpfen gelten vor allem zwei Kriterien: Sie sollten kompakt beziehungsweise aufrecht wachsen, das heißt keine langen, weitverzweigten Triebe bilden, und wenig Stacheln haben.

Das Erdreich bei Johannisbeeren darf nicht austrocknen, da sie sonst zu »rieseln« beginnen. Dabei werfen sie vorzeitig ihre Blüten und unreife Früchte ab. Man kann aber auch in Töpfen den Boden mit einer Mulchschicht aus Holzhäcksel oder Stroh bedecken, damit weniger Wasser verdunstet. Oder man bedeckt die Oberfläche ganz einfach mit Pflanzen: Monatserdbeeren sind eine dekorative Unterpflanzung zwischen Sträuchern und bilden obendrein den ganzen Sommer lang Früchte.

Erdbeeren

Erdbeeren, die rote Verführung

Von allen Beeren ist sie wohl die populärste und manche meinen auch die aromatischste: die Erdbeere. Izaak Walton, ein englischer Schriftsteller des 17. Jahrhunderts, beschrieb es so: »Zweifellos hätte Gott eine bessere Beere als die Erdbeere erschaffen können, aber ebenso zweifellos hat er es nicht getan.« Dabei kannte er damals noch gar nicht die vielen fantastischen Züchtungen, die es heute gibt, man geht davon aus, dass er die Walderdbeere (*Fragaria vesca*) meinte. Der Geschmack von Walderdbeeren ist immer noch etwas Besonderes und es spricht auch nichts dagegen, sie im Garten zu kultivieren. Ein paar am Waldesrand gesammelt und sie verbreiten sich rasch durch Ausläufer und können den Boden bedecken.

Die »Königin der Beeren« gehört wie auch Brombeeren, Himbeeren und viele andere Naschfrüchte zur Familie der Rosengewächse. Unsere heutigen Gartenerdbeeren verdanken wir einer zufälligen Kreuzung im 18. Jahrhundert. Die großen Früchte stammen dabei von der Chile-Erdbeere, das gute

Aroma und die leuchtend rote Farbe von der Scharlacherdbeere. Als nicht verholzendes Staudengewächs ist die Erdbeere im Gegensatz zu den meisten Obstarten eine Ausnahme und findet daher oft auch ihren Platz im Gemüsebeet.

Die Erdbeer-Familie

Die wichtigste Art für den Garten ist die sogenannte **Garten- oder Ananaserdbeere**. Die Bezeichnung Ananaserdbeere, in Österreich auch nur »Ananas«, für diese Erdbeere stammt wohl von ihrem botanischen Namen *Fragaria x ananassa.* Bei der Ananaserdbeere findet man die meisten Sorten und unterscheidet zwischen einmal- und mehrmals tragenden. Während die einen nur einmal in der Saison für zwei bis drei Wochen ihre Früchte ausbilden, tragen die anderen nach der ersten Ernte im Juni nach einer Ruhepause erneut, allerdings etwas kleinere Früchte bis in den Herbst. Und dann gibt es auch noch hocharomatische, alte Liebhabersorten wie die berühmte »Mieze Schindler«. Sie sind aber nicht selbstfruchtbar und benötigen eine Befruchtersorte. Der Geschmack von »Mieze Schindler« lässt sich als eine Mischung aus süßen Walderdbeeren und Uhudlertrauben beschreiben. Gezüchtet wurde sie 1925 vom Dresdner Gartenbauschuldirektor Otto Schindler. Er benannte sie liebevoll nach seiner Frau. Mittler-

weile gibt es auch eine selbstfruchtbare Nachfolgezüchtung namens »Mieze Nova«.

Die herzigen **Monatserdbeeren** (*Fragaria vesca* var. *semperflorens*) stammen von der heimischen Walderdbeere ab. Im Gegensatz zu ihr bilden sie ihre kleinen, sehr aromatischen Früchte über einen langen Zeitraum, von Juni bis Oktober. Monatserdbeeren sind robust, sie eignen sich daher besonders gut als Unterpflanzung oder als Weg- oder Beeteinfassung.

Weißfrüchtige Erdbeeren sind seit dem 18. Jahrhundert bekannt, werden jedoch nicht in größerem Ausmaß angebaut. Für Erdbeer-Allergiker können sie eine Alternative sein, da die allergieauslösenden Proteine mit der roten Farbe zusammenhängen. Weiße Sorten findet man bei den Wald- und Monatserdbeeren und bei den Ananaserdbeeren.

Auch **Hängeerdbeeren** sind eine spezielle Kreuzung der Monatserdbeere. Die etwa 50 cm langen Triebe sollten in Ampeln frei in der Luft hängen können. Sie eignen sich auch für den Halbschatten.

Klettererdbeeren bilden viele, starke Ranken, die sich an einer Kletterhilfe aufbinden lassen. Auch sie passen auf den Balkon, pro Topf ist eine Pflanze ausreichend.

Eine Besonderheit im Erdbeer-Reigen ist die **Wiesenerdbeere** (*Fragaria x vescana*), eine Kreuzung aus Garten- und Monatserdbeere. Sie treibt besonders starke Ausläufer und bildet dichte Pflanzendecken, die auch – mit Ausnahme zur Zeit der Fruchtbildung – betreten werden können. Das Laub schneidet man Mitte Juli gleich nach der Ernte einfach mit dem Rasenmäher ab, es bleibt am Beet liegen.

Manchmal kommt es zu Verwechslungen mit **»falschen« Erdbeeren**: Die Scheinerdbeere (*Potentilla indica*) ist eine bodendeckende Pflanze mit erdbeerähnlichen, jedoch geschmacklosen Früchten.

Erdbeersorten im Überblick

Gartenerdbeeren
(einmal tragend)

Mitte Mai bis Mitte Juni:
Elvira, Honeoye, Königin Luise, Lambada, Romina, Senga Sengana

Ende Mai/Anfang Juni bis Ende Juni:
Hansa, Korona, Polka, Polwina, Senga-Sengana, Symphony

Anfang Juni bis Ende Juli:
Ananas, Roxana, Direktor Paul Wallbaum

Mitte Juni bis Ende Juli:
Malwina, Mieze Schindler

Gartenerdbeeren (mehrmals tragend)

Anfang Juli bis Ende September:
Mara des Bois

Anfang Juli bis Ende Oktober:
Ostara, Portola, Selva

Ende Juli bis Ende Oktober:
Monterey

Monatserdbeeren

Juni bis Oktober:

Alexandria, Rügen

Besonderheit Weißfrüchtige Sorten:

Weiße Solemacher, Weiße von Ogens und Tubby White

Hänge- oder Klettererdbeeren (immertragend)

Juni bis Oktober:

Elan, Hummi, Super Star

Erdbeerwiese (einmal tragend)

Juni: *Florika, Spadeka*

Pflanzung & Pflege

Erdbeeren brauchen wie die meisten Beeren einen vollsonnigen Platz und einen gut vorbereiteten Gartenboden, humos- und nährstoffreich. Es sollte keine Staunässe entstehen, aber zu sandige Böden sind auch nichts für Erdbeeren. Hier lässt sich das Erdreich mit Kompost verbessern.

Besonders wichtig ist die Fruchtfolge. Man belässt Erdbeeren nur 2–3 Jahre auf dem Beet und pflanzt erst nach 4–5 Jahren wieder auf denselben Platz, um eine Anreicherung von erdbeerspezifischen Schadorganismen zu vermeiden.

Im Juli ist Pflanzzeit. Man setzt entweder Kindeln, das sind die kleinen Nachwuchspflanzen, die sich an Ausläufern bilden, oder vorgezogene Jungpflanzen mit einem Pflanzabstand von 25 cm und einem Reihenabstand von 50 cm. Die Herzknospe in der Mitte soll knapp über der Erde bleiben, daher darf man die Pflanzen nicht zu tief setzen.

Um zu dieser Zeit ein Beet frei zu haben, eignen sich Vorkulturen mit kurzer Kulturdauer wie Salate, Radieschen, Bohnen, Erbsen und Kohlrabi.

Bei der Weiterkultur bestehender Pflanzen entfernt man krankes Laub und Ausläufer und versorgt sie mit Kompost und organischem Langzeitdünger. Neupflanzungen müssen regelmäßig gewässert werden.

Gemulcht wird meist mit Stroh, weil es die Früchte sauber hält. Alternativ eignet sich angetrockneter Rasenschnitt. Für Erdbeeren gibt es viele Mischkulturpartner, gute Nachbarn, die ihr Wachstum begünstigen: Radieschen, Schnittlauch, Knoblauch, Zwiebel, aber auch Borretsch, Salate, Spinat und Fisolen.

Johannis- & Stachelbeeren

Johannis- und Stachelbeeren, die süß-sauren Früchtchen

Knapp nach der Sommersonnenwende folgt am 24. Juni der Johannistag, zu dieser Zeit wird es auch im Garten richtig sommerlich. Punktgenau reifen die Johannisbeeren und zwar dann, wenn die Erntezeit des Rhabarbers zu Ende geht. Johanni ist gärtnerisch ein Scheidetag. »Bis an Johannis wird gepflanzt, ein Datum, das du dir merken kannst« ist nur eine jener Bauernregeln, die Anweisung geben, was bis zu diesem Tag und danach geschehen sollte.

Im Vergleich zu anderen Beeren begann der Anbau von Johannisbeer-Sträuchern spät. Sie wuchsen hauptsächlich in mittelalterlichen Klostergärten, die Römer kannten die Pflanzen nicht. Die ältesten Abbildungen findet man erst im 15. Jahrhundert. Die Stachelbeeren waren etwas früher dran, sie wurden im 12. Jahrhundert das erste Mal erwähnt. Später schätzten sie besonders die Briten, die sie im 17. Jahrhundert in großem Stil kultivierten.

Bei Stachelbeeren gibt es gelbe, rote und grüne Sorten.

Heute sind Johannis- und Stachelbeeren aus unseren Hausgärten nicht mehr wegzudenken. Direkt vom Strauch genascht, erfrischt das säuerliche Aroma besonders an heißen Sommertagen.

Familienbande

Johannisbeeren gehören wie Stachelbeeren zur Familie der Steinbrechgewächse. Weit verbreitet ist die Bezeichnung »Johannisbeere«, in Norddeutschland heißen sie aber »Ahlbeeren«, in Schwaben »Träuble« und in der Schweiz »Meertrübeli« oder »Trübeli«. Nur in Bayern, Österreich und Südtirol sind es die »Ribisel«. Botanisch unterscheidet man **Rote bzw. Weiße Johannisbeeren** (*Ribes rubrum*) und **Schwarze Johannisbeeren** (*Ribes nigrum*).

Auch **Stachelbeeren** (*Ribes uva-crispa*) können mit vielen Trivialnamen aufwarten: Kreubeer, Krausbeer, Jakobsbeer, Rauchnussen, Oatpatzln, Agraßln, Meischki und Dornapfel. Es gibt hier gelbe, grüne und rote Sorten.

Aus einer Kreuzung der Schwarzen Johannisbeere mit ihrer nächsten Verwandten, der Stachelbeere, entstand die wuchsfreudige und sehr gesunde **Jostabeere oder Josta** (*Ribes x nidigrolaria*), in Süddeutschland auch »Jochelbeere«, in Österreich auch »Rigatze« oder »Joglbeere« genannt. Die schwarzen Beeren schmecken feinsäuerlich und sind größer als Johannisbeeren.

Gesund und »unentbeerlich«

Mit 180 mg/100 g Früchten findet man in Schwarzen Johannisbeeren mehr als dreimal so viel Vitamin C wie in Zitrusfrüchten. Sie sind kalorienarm und liefern neben der vielen Vitamine Mineralstoffe, Kalium, Kalzium und Eisen. Lösliche Ballaststoffe wirken verdauungsfördernd und cholesterinsenkend. Schwarze Ribisel, die volkstümlich auch »Gichtbeeren« genannt werden, gelten als altes Hausmittel gegen Rheuma und Gicht.

Pflanzung & Pflege

Viel braucht es nicht für den Beerenstrauch im Garten! Nur eines sollte man bedenken: Johannis- und Stachelbeeren sind Flachwurzler. Den Boden im Wurzelbereich lässt man daher am besten in Ruhe, eine Bodenbearbeitung kann mehr schaden als nützen, und es gilt: gut gepflanzt, ist halb gewonnen. Die Beerensträucher mögen die volle Sonne und einen durchlässigen, humosen und nährstoffreichen Boden ohne Staunässe. Auf sandigen Böden und bei anhaltender Trockenheit sind die flachen Wurzeln gefährdet. Mulchen mit Grasschnitt oder Holzhäcksel ist daher bei Beerensträuchern generell und vor allem in Hitzeperioden besonders wichtig.

Gepflanzt wird entweder im Frühjahr oder im Herbst. Der Abstand zwischen den Sträuchern sollte 1,5 m sein. Man hebt ein doppelt so tiefes und breites Loch aus wie der Ballen umfasst und verbessert die Erde mit Kompost.

Ernte und Schnitt zugleich

Wer Kindheitserinnerungen an die Ernte hat, weiß, dass diese recht mühsam sein kann. Nimmt man aber den Schnitt zeitgleich vor, dann sieht die Sache schon ganz anders aus. Statt gebückt oder kniend die Beeren vom Strauch zu pflücken, schneidet man alle tragenden Ruten knapp am Boden ab und transportiert sie zu einem gemütlichen Sitzplatz. Dort liest man dann bequem die Beeren von den Ästen. Rote und Weiße Johannisbeeren haben nämlich auf den ein- und zweijährigen Ruten die höchsten Erträge. Man belässt nur die jungen (einjährigen) Ruten und im kommenden Jahr hat man wieder eine maximale Ernte. Bei den Schwarzen Ribiseln ist es leider nicht ganz so einfach, da sie an den zwei- und dreijährigen Ruten die meisten Früchte ansetzen. Hier kann man nur alle dreijährigen Ruten am Boden abschneiden, die andern Beeren müssen direkt vom Strauch gepflückt werden. Kein Ast, der bleibt, sollte aber älter als drei Jahre sein, um im Folgejahr wieder beste Erträge zu erzielen.

Auch Stachelbeeren sollte man direkt nach der Ernte schneiden, damit die Stöcke im nächsten Jahr viele Früchte ansetzen. Dabei entfernt man zwei bis drei der ältesten Triebe. Von den einjährigen Trieben, die aus der Basis austreiben, lässt man 3 bis 5 Ruten stehen. Insgesamt sollte der Strauch nicht mehr als 10 bis 12 Haupttriebe haben. Aus dem angefallenen Schnittgut lassen sich übrigens Stecklinge gewinnen.

Vermehrung durch Stecklinge und Steckhölzer

Sowohl Johannisbeeren als auch Stachelbeeren lassen sich durch Stecklinge im Sommer und durch Steckhölzer im Herbst bzw. im Frühjahr vermehren.

Für Kopfstecklinge wird ein etwa 4 bis 5 cm langer einjähriger Trieb mit einem scharfen Messer ca. 3 mm unter der untersten Knospe abgeschnitten. Das letzte Drittel der Blätter entfernt man und steckt die Triebe in einen Topf mit Aussaaterde. Eine durchsichtige Folie darüber gespannt hält die Erde gut feucht.

Möchte man Steckhölzer vermehren, schneidet man hingegen frühestens im September und schon gut ausgereifte

Triebe in etwa 15 bis 18 cm lange Stücke. Jedes Stück sollte oben und unten ein Auge besitzen, die Triebspitze wird entfernt. Sind die Äste noch belaubt, werden die Blätter komplett entfernt. Die so gewonnenen Steckhölzer vergräbt man nun so tief im Boden, dass nur noch die obersten Knospen sichtbar bleiben. Hält man den Boden gut feucht, wurzeln sie noch vor dem Winter an. Ist man später dran, bündelt man die Steckhölzer und lagert sie frostfrei in feuchtem Sand. Dann erfolgt das Pflanzen in gleicher Methode wie im Herbst erst im Frühjahr.

Empfehlenswerte Sorten

Rote Johannisbeeren

Babette, Decorette, Detvan, Joana, Lisette, Redpoll, Rolan

Weiße, Rosa, Grüne Johannisbeeren

Bianca, Blanka, Glasperle, Greenlife, Rosalinn, Vertii

Schwarze Johannisbeeren

Blackbells, KieRoyal, Kristin, Late Night, Neva, Noiroma

Rote Stachelbeeren

Achilles®, Captivator, Hinnonmäki Rot

Gelbe Stachelbeeren

Hinnonmäki Gelb, Resistenta

Grüne Stachelbeeren

Hinnonmäki Grün, Invicta®, Tatjana

Jostabeeren

Jocheline, Jodeli, Jofruity, Jogranda, Jogusta, Jonova (alle schwächer wachsend)

Hinweis zur Vierbeere

Unter dem Namen »Vierbeere« werden verschiedene Sorten wie Black Gem, Black Pearl, Black Saphir, Orangesse angeboten. Schaut man jedoch auf die lateinische Bezeichnung, weiß man, dass hinter der Vierbeere die allgemein bekannte ***Gold-Johannisbeere*** *(Ribes aureum) steckt, die man als Ziersträucher für den Garten kennt. Als Beerenpflanze wurde sie bis dato deshalb nicht verkauft, da die Erträge karg sind.*

Schwarze Johannisbeeren

Himbeeren & Brombeeren

Himbeeren und Brombeeren, beliebtes Naschobst

Wer die süßen Himbeeren und Brombeeren behutsam aus dem Dickicht pflückt, kann das Märchen vom Dornröschen nachvollziehen. Die zu den Beeren zählenden Pflanzen sind nämlich Schlingpflanzen und können mit ihren Ranken zu dichten Hecken zusammenwachsen. Wie Kletterrosen gehören die beiden zu den Rosengewächsen. Für den Garten gibt es neben rankenden Sorten, die lange, überhängende Triebe bilden, auch aufrecht wachsende mit geringerem Platzbedarf. Ein anderes Züchtungsziel war in den 50er Jahren die dornenlose Brombeere, was auch gelungen ist. Allerdings handelt es sich, botanisch gesehen, bei Brombeeren gar nicht um Dornen, sondern um Stacheln. Den Unterschied kann man gut erkennen, da sich Stacheln im Gegensatz zu den fest verbundenen Dornen leicht abbrechen lassen.

Auch die Himbeere hat einiges zu bieten und wird schon sehr lange kultiviert. Bereits zu Beginn des 20. Jahrhunderts kannte man etwa 400 Himbeersorten. Im Vergleich zu den

Taybeeren sind eine Kreuzung aus Himbeeren und Brombeeren.

Brombeeren sind die Früchte der Himbeeren weich und empfindlich. Beim Ernten verbleibt der Fruchtboden der Sammelsteinfrucht (die Himbeere ist wie die Brombeere botanisch gesehen keine Beere) an der Pflanze, die Frucht selbst löst sich wie ein Fingerhut ab, man sagt »die Beere löst sich vom Zapfen«.

Rubus-Geschwister

Himbeeren und Brombeeren, aber auch die Allackerbeere und die Japanische Weinbeere zählen zur botanischen Gattung »*Rubus*«. Der Name der **Brombeere** (*Rubus fruticosus*) leitet sich vom althochdeutschen Wort »bramberi« ab. »Bramble« bedeutet im Englischen noch heute »Dornstrauch«. In Österreich sagt man außerdem »Braunbeere«, »Mum« oder »Muren«, im Erzgebirge »Hundsbier«. In Norddeutschland ist die dunkle Frucht eine »Brommelbeere«.

Die **Himbeere** (*Rubus idaeus*) findet ihren Ursprung im althochdeutschen »hintperi«, was »Beere der Hinde (Hirschkuh)« bedeutet. Volkstümlich entstand daraus Hünte- und Hindbeere, Himmere, Hinte. Die weniger geläufigen Bezeichnungen »Samt- und Wollbeere« beziehen sich auf die seidige Behaarung der Blattunterseite und der Früchte.

Kreuzungen aus Himbeere und Brombeere sind die **Taybeere** mit ihren länglichen Früchten, die **Loganbeere** und **Boysenbeere**. Alle drei sind botanisch gesehen eine Art, nämlich *Rubus loganobaccus*, und unterscheiden sich nur wenig.

Eine besonders hübsche Verwandte ist die **Allackerbeere** (*Rubus articus*) mit rosa Blüten. Damit sie Früchte bildet, muss man immer zwei Sorten pflanzen. Alle anderen Rubus-Geschwister sind selbstfruchtbar. So auch die **Japanische Weinbeere** (*Rubus phoenicolasius*), die bogig überhängend wächst. An ihren Zweigen sitzen hellrosa Blüten. Auffallend sind die Kelchblätter, die die säuerlich-süßen Beeren umschließen. Sie geben einen klebrigen Tau ab, die Schädlinge bleiben daran hängen und können erst gar nicht zu den Früchten vordringen.

Zu guter Letzt sei eine Kuriosität erwähnt: eine auffallende **Schwarze Himbeere** (*Rubus occidentalis*), ihre Triebe sind wachsartig bläulich bereift und sie ist sehr bedornt.

Die saftigen Weinbeeren schmecken süß-säuerlich.

Die Sortenwahl bei Himbeeren

Bei Himbeeren gibt es Sorten, die im Sommer tragen, und solche, die erst im Herbst fruchten. Bei Sommer-Sorten fährt man zwar nur eine Ernte ein, dafür aber reichlich. Leider legt der Himbeerkäfer gerne seine Eier in die süßen Früchtchen und auch Pilze breiten sich eher aus als bei Herbsthimbeeren (Rutensterben). Bei den späten Sorten findet man hingegen keine Maden, weil der Himbeerkäfer zu diesem späten Zeitpunkt seine Paarungszeit bereits beendet hat und die Früchte verschont bleiben.

Unter Herbst-Himbeeren versteht man grundsätzlich mehrmals tragende Sorten, die schon im Sommer ein paar Früchte an den vorjährigen Ruten hervorbringen. Ihren Hauptertrag entwickeln sie dann aber im Herbst auf den jungen Trieben.

Es gibt neben Erntezeitpunkt und Pflanzengesundheit noch einen weiteren Aspekt für die Sortenwahl: die Fruchtfarbe. Himbeeren können neben rot auch gelb und schwarz sein und man findet wie bei den Brombeeren Zwergsorten.

Empfehlenswerte Sorten

Brombeeren

Black Satin, Loch Ness, Navaho®,
Theodor Reimers, Zwergbrombeere: Little Black Prince®

Rote Himbeeren

Autumn Bliss®, Himbo Top®,
Malling Promise, Schönemann,

Gelbe Himbeeren

Alpengold®, Autumn Amber®,
Golden Bliss®, Golden Everest

Schwarze Himbeeren

Black Jewel, Glen Coe

Zwerghimbeeren

Lowberry® Goodasgold, Lowberry® Little Sweet Sister

Taybeeren

Easy Tay, Medana®, Buckingham Tayberry® (dornenlos)

Pflanzung & Pflege

Brombeeren sind manchmal etwas frostempfindlich, daher ist eine geschützte, sonnige Lage entlang einer Hausmauer eine gute Lösung. Sie gedeihen auch in Wildstrauchhecken zwischen Kornelkirschen, Schlehen, Holunder und Kriecherln. Rankende Sorten benötigen einen Pflanzabstand von 3 bis 4 m, aufrechtwachsende Sorten 2 m. Sie können auf einem Spalier, entlang des Zauns, auf einem Gerüst oder mit Stützdraht gezogen werden. Für die Vorbereitung lockert man den Boden tiefgründig auf und arbeitet Kompost und organischen Dünger ein.

Der Schnitt: Brombeeren tragen ihre Früchte an den Kurztrieben, die sich an den langen Ruten des Vorjahres bilden. Im Frühling schneidet man nur die abgestorbenen Triebe weg. Im Sommer lichtet man die Neutriebe aus und kürzt die Seitentriebe (Kurztriebe) der neuen Ruten. Im Oktober werden die zweijährigen, abgeernteten Ruten komplett herausgeschnitten.

Himbeeren brauchen ausreichend Bodenfeuchtigkeit, viel Sonne und eher saures Milieu, zumindest aber nicht extrem kalkhaltiges Erdreich. Daher wird auch hier der Boden oberflächlich gelockert, aber neben Kompost zusätzlich Rinden-

mulch eingearbeitet. Der Pflanzabstand sollte etwa 0,5 bis 1 m sein. Himbeeren sind Flachwurzler, sie leiden sehr unter sommerlicher Trockenheit. Das Mulchen ist hier besonders wichtig. Gestützt werden die Pflanzen mit 2 bis 3 waagrechten Spanndrähten oder mit einem Drahtspalier. Es können dafür Nelkengitter, das sind Drahtgittermatten mit einem Raster von 10 × 10 cm, verwendet werden. Vier Pflöcke bilden den Rahmen. Die erste Gitterlage spannt man in einem halben Meter und eine weitere in einem Meter Höhe. Die Himbeer-Triebe wachsen durch das Gitter, das Aufbinden entfällt.

Der Schnitt: Sommer-Himbeeren tragen schon im Juni an den zweijährigen Ruten, Herbst-Himbeeren erst ab Anfang August bis in den Oktober an den einjährigen Ruten. Davon hängt der Rückschnitt ab: Bei Sommer-Himbeeren schneidet man jene Triebe, die Früchte getragen haben, nach der Ernte ganz heraus. Die Jungtriebe werden bei etwa einem Meter Länge eingekürzt. Bei Herbst-Himbeeren ist es einfach: hier entfernt man nach der Ernte im Oktober/November einfach alle Ruten bodennah.

Heidelbeeren,
Preiselbeeren &
Maibeere

Heidelbeeren und Moosbeeren, der Geschmack des Waldes

Wer den Naturstandort der blauen Heidelbeeren kennt, weiß was die kleinen Sträucher im Garten wünschen: nämlich saure Erde, wie man sie auch im Moorbeet vorfindet. Nur dann können sie gut gedeihen. Kulturheidelbeeren gibt es noch nicht all zu lange. Frederic Vernon Coville begann 1916 eher zufällig mit der Sortenzucht. Der amerikanische Botaniker verbrachte die Sommermonate in New Hampshire in seinem Ferienhaus, das mit Heidelbeeren umwachsen war. Er liebte die blauen Früchte und trieb deshalb die Entwicklung von ihm selektionierter Kulturheidelbeeren voran. Der Unterschied von **Kulturheidelbeeren** (*Vaccinium corymbosum*) im Gegensatz zu **Waldheidelbeeren** (*Vaccinium myrtillus*), auch Schwarzbeeren genannt, besteht darin, dass sie volle Sonne brauchen, während die Wildform im Halbschatten in Wäldern vorkommt. Die Früchte der Kulturheidelbeeren sind

Wie kleine Glöckchen sehen die Blüten von Heidelbeeren aus.

größer und das Fruchtfleisch ist nicht blau, sondern weiß, weshalb sie auch nicht so stark färben. Manche Sorten färben pink. Kulturheidelbeeren werden größer und man kann sie auch schneiden, was bei anderen Heidelbeer-Gewächsen nicht notwendig ist. Alle Arten gehören zu den Heidekrautgewächsen und haben eine leuchtende Herbstfärbung.

Der Geschmack der Maibeeren erinnert an Heidelbeeren.

Die Beerenunterschiede

Neben den Heidelbeeren gibt es auch noch die **Moosbeeren oder Cranberry** (*Vaccinium macrocarpon*). Sie stammen ursprünglich aus dem Osten Nordamerikas, wo sie auf sandigen Böden und in Moorlandschaften wachsen. Bei uns in freier Natur wachsen kleinere Moosbeeren (*Vaccinium microcarpum* oder *Vaccinium oxycoccos*), die nicht kultiviert werden. Die Blüte der Cranberry erinnert an Kopf und Hals eines Kranichs und ist Grund für die Namensgebung.

Die **Preiselbeere** (*Vaccinium vitis-idaea*) ist ebenfalls eine nahe Verwandte der Heidelbeere, allerdings wie die Moosbeere leuchtend rot.

Botanisch tanzt die **Maibeere** (*Lonicera caerulea* var. *kamtschatica*) aus der Reihe. Doch ihr Geschmack erinnert an Heidelbeeren und sie gedeiht im Moorbeet. Der winterharte, meist etwa einen Meter hohe Strauch ist anspruchslos und wächst auch in lehmigen Böden. Seine blauen Früchte zählen zu den ersten im Jahr und sind daher sehr begehrt.

Empfehlenswerte Sorten

Kulturheidelbeeren

Blue Crop, Duke, Goldtraube, Hardyblue

Heidelbeeren, Schwarzbeeren

keine Sorten, da eine Wildform

Moosbeere, Cranberry

Howes, Pilgrim, Red Star

Preiselbeere

Koralle, Red Pearl

Maibeere

Balalaika®, Blue Velvet®, Eisbär®, Kalinka®

Das Moorbeet

Heidelbeeren und ihre Verwandten wachsen besonders gut in einem Hochbeet gefüllt mit Moorbeeterde. Diese erhält man fertig im Handel oder man legt einen Kompost ausschließlich aus Blättern an. Die Komposterde aus reinem Laub weist ein saures Milieu auf. Steigt der Kalkgehalt im Boden auch nur leicht, färben sich die Blätter an den Sträuchern gelb.

Heidelbeeren wurzeln flach und sollten wie die meisten Heidekrautgewächse nicht zu tief gesetzt werden. Man setzt die Pflanzen daher nur etwa 5 cm tief unter die Ballenkante. Alternativ zum Hochbeet kann man ein 40 cm tiefes Beet ausheben oder ein ebenso hohes Hügelbeet aufschütten. Das Mulchen mit Rindenmulch oder Rindenkompost sorgt zusätzlich für Bedingungen, wie sie am Naturstandort vorherrschen.

Kulturheidelbeeren werden bis 1,5 Meter hoch und brauchen einen Pflanzabstand von mindestens einem Meter. Waldheidelbeeren erreichen höchstens 50 cm Höhe und man kann sie wie Moosbeeren mit einem Abstand von 30 cm setzen.

Chinesisches Spaltkörbchen

Kletternde & besondere Sorten

Besondere Beeren mit exquisitem Aroma

Neben den altbekannten Erdbeeren, Him- und Brombeeren, Heidel- und Johannisbeeren lässt sich der Naschgarten auch mit ein paar weniger bekannten Beeren bereichern, vor allem in milden Regionen. Da gibt es jene, die als Kletterpflanzen in den Himmel wachsen, und die, deren Geschmack Besonderes zu bieten hat: Anklänge an Bratäpfel und Karamellen etwa. Zu ebener Erde und nicht als Strauch wächst die zur Dekorationsbeere avancierte Andenbeere.

Beerige Himmelsstürmer

Die kleine Schwester der Kiwi ist die köstlich schmeckende **Honigbeere** (*Actinidia arguta*). Man kennt sie auch unter Mini-Kiwi, Bayern-Kiwi oder Kiwiberry. Ihre Früchte lassen sich im Gegensatz zu den Kiwis samt Schale naschen, geerntet wird im September und Oktober. Honigbeeren wachsen sowohl in der Sonne als auch im Halbschatten, manchmal

Honigbeeren

sogar besser im Halbschatten. Die meisten Honigbeeren sind getrennt geschlechtlich, die weiblichen Pflanzen brauchen ein Männchen, um Früchte zu tragen. Ein Männchen (Sorte Weiki männlich) reicht allerdings für bis zu sechs Weibchen (Sorten Weiki weiblich, Ken's Red). Sie bewachsen Pergolen und Lauben, Ende Februar/ Anfang März wird ausgelichtet.

Noch eine Rarität ist diese linkswindende Kletterpflanze: das **Chinesische Spaltkölbchen** (*Schisandra chinensis*), auch Fünf-Aroma-Frucht genannt – für süß, sauer, bitter, salzig

Karamellbeere

und scharf. Sauer und bitter dominieren allerdings. Die ährenartigen, hängenden Trauben erinnern an rote Ribiseln, man nascht sie frisch oder getrocknet oder verarbeitet sie mit Honigbeeren zu einem Mus. Die jungen Blätter können als Gemüse gedünstet werden. Das Gehölz ist wie die Honigbeere vollkommen frosthart, Temperaturen unter -30 °C werden problemlos weggesteckt. Auf dem Balkon ist die Kultur in sehr großen Töpfen (50 Liter) mit einer Rankhilfe möglich. Bei Bedarf kann man im März die Triebe kürzen und schwache entfernen. Um eine Befruchtung zu garantieren, sollte man selbstfruchtbare Sorten pflanzen. Die Wildform ist nämlich zweihäusig, hier braucht man zwei Pflanzen, um Beeren zu ernten.

Duft nach Karamell und Bratäpfeln

Von Juni bis September entwickelt die **Karamellbeere** (*Leycesteria formosa*) farbenfrohe, ährenförmige Blüten mit einem bezaubernden Duft nach Karamell. Die imposante Herbstfärbung des Strauches ist ein Augenschmaus. Aus den Einzelblüten bilden sich rote, zum Ende der Reife beinahe schwarze, bittere Beeren, die erst vollreif ähnlich wie Karamell schmecken. Da die Karamellbeere zu den invasiven Pflanzen gezählt wird, sollte man ihre Ausbreitung im Auge behalten.

Jujube

Wer den Geschmack von Bratäpfeln liebt, pflanzt in seinen Garten eine **Jujube** (*Ziziphus jujuba*). Ihre Früchte mit milder Süße und leichter Säure erinnern tatsächlich an Bratäpfel. Die Jujube wird auch Chinesische Dattel oder Brustbeere genannt. Ihre zahlreichen kleinen Blüten verströmen einen feinen Geruch und im Herbst leuchten die Blätter goldgelb. Die Jujube ist bis -20 °C frosthart.

Die **Andenbeere** (*Physalis peruviana*), eine einjährige Sommerpflanze, schmückt sich mit orange-gelben Beeren mit pergamentartigen Lampionhüllen. Nicht verwechselt werden darf sie mit der winterharten Lampionblume (*Physalis* *alkekengi*), die im Garten auch verwildert. Diese trägt orange Lampions, die Früchte sind kleiner und die ganze Pflanze ist giftig. Die essbare Anden- oder Kapstachelbeere, auch Ananaskirsche, zählt wie auch Tomate, Paprika und Kartoffel zu den Nachtschattengewächsen und passt ins Gemüsebeet. Sie braucht einen sonnigen, warmen und geschützten Platz und man pflanzt sie ab Mitte Mai ins Beet oder in Töpfe. Wer ein helles Winterquartier mit Temperaturen um +5 °C zur Verfügung hat, kann sie als Kübelpflanze ziehen. Dazu wird die Pflanze nach der Ernte kräftig zurückgeschnitten.

Andenbeere

Über die Autorin

Veronika Schubert ist Gartenexpertin mit Fachausbildung und als Gartenjournalistin, Medienfachfrau und Autorin tätig. Sie hält Vorträge und begleitet Gartenreisen. Im von ihr gegründeten Medienbüro verbindet sie ihre Leidenschaft für die Themen Garten und Natur mit ihrem Fachwissen. Der eigene Garten am Rande des Wienerwalds ist dabei stets Ausgleich und Praxiswerkstatt.

Beratend stand für dieses Werk der Obstexperte Klaus Strasser zur Verfügung. Er betreibt gemeinsam mit seiner Frau Gabriele den Obstsortengarten in Ohlsdorf (OSOGO), einen Schau-, Lehr- und Erhaltungsgarten, wo etwa 3000 Sorten ausgepflanzt sind und auch verkostet werden dürfen.

 Satz aus der Hoefler Text und The Sans. · Medieninhaber, Verleger und Herausgeber: Red Bull Media House GmbH · Oberst-Lepperdinger-Straße 11–15 · 5071 Wals bei Salzburg, Österreich · Gestaltung und Satz: wir sind artisten · Bilder: Fotos: Cover: Friedrich Strauss Gartenbildagentur / Strauss, Friedrich; Innenteil: S. 6, 22: © Friedrich Strauss Gartenbildagentur / Strauss, Friedrich; S. 9, 14, 25, 41, 49, 53, 54, 56, 60, 67, 70, 71: © Adobe Stock; S. 10: © mauritius images / Westend61 / Nabiha Dahhan; S. 13: © mauritius images / Julia Thymia; S. 17: © mauritius images / Dorling Kindersley ltd / Alamy / Alamy Stock Photos; S. 18/19: © mauritius images / foodcollection; S. 27, 28: © mauritius images / Westend61 RF; S. 30: © mauritius images / Fatma Yüksel; S. 33: mauritius images / Westend61 / Gaby Wojciech; S. 36: © mauritius images / Volker Dautzenberg; S. 39: © mauritius images / Westend61 / Harald Walker; S. 42: © mauritius images / Paul sawer / Alamy / Alamy Stock Photos; S. 45: © mauritius images / McPhoto; S. 46: © mauritius images / M.schuppich / Alamy; S. 59: © mauritius images / Jennifer Wise / Alamy / Alamy Stock Photos; S. 64: © mauritius images / Garden World Images / Joshua McCullough; S. 68: © mauritius images / Garden World Images / Trevor Sims.

Printed by Samson Druck GmbH in Austria
ISBN 978-3-7104-0338-5